"安心小学"

社会情感学习桥梁书5

这样用钱可以吗?

岑澎维 / 著　　张庭瑀 / 绘

青岛出版集团 | 青岛出版社

图书在版编目（CIP）数据

这样用钱可以吗？ / 岑澎维著；张庭瑀绘. -- 青岛：青岛出版社，2023.4

ISBN 978-7-5736-1018-8

Ⅰ.①这… Ⅱ.①岑… ②张… Ⅲ.①理财观念—能力培养—儿童读物 Ⅳ.①TS976.15-49

中国国家版本馆CIP数据核字（2023）第047901号

书名/安心小学5：这样用钱可以吗？
岑澎维著 张庭瑀绘
中文简体字版由台湾远见天下文化出版股份有限公司授权出版
山东省版权局著作权合同登记号 图字：15-2023-24号

书　　名	ZHEYANG YONG QIAN KEYI MA ? 这样用钱可以吗？	
著　　者	岑澎维	
绘　　者	张庭瑀	
出版发行	青岛出版社	
社　　址	青岛市崂山区海尔路 182 号（266061）	
本社网址	http://www.qdpub.com	
邮购电话	0532-68068091	
责任编辑	王　佳	
封面设计	夏　琳	
照　　排	青岛可视文化传媒有限公司	
印　　刷	青岛乐喜力科技发展有限公司	
出版日期	2023 年 4 月第 1 版　2023 年 4 月第 1 次印刷	
开　　本	16开（710 mm×1000 mm）	
印　　张	7.75	
字　　数	37千	
印　　数	1—10000	
书　　号	ISBN 978-7-5736-1018-8	
定　　价	32.00元	

编校印装质量、盗版监督服务电话 4006532017 0532-68068050

目 录

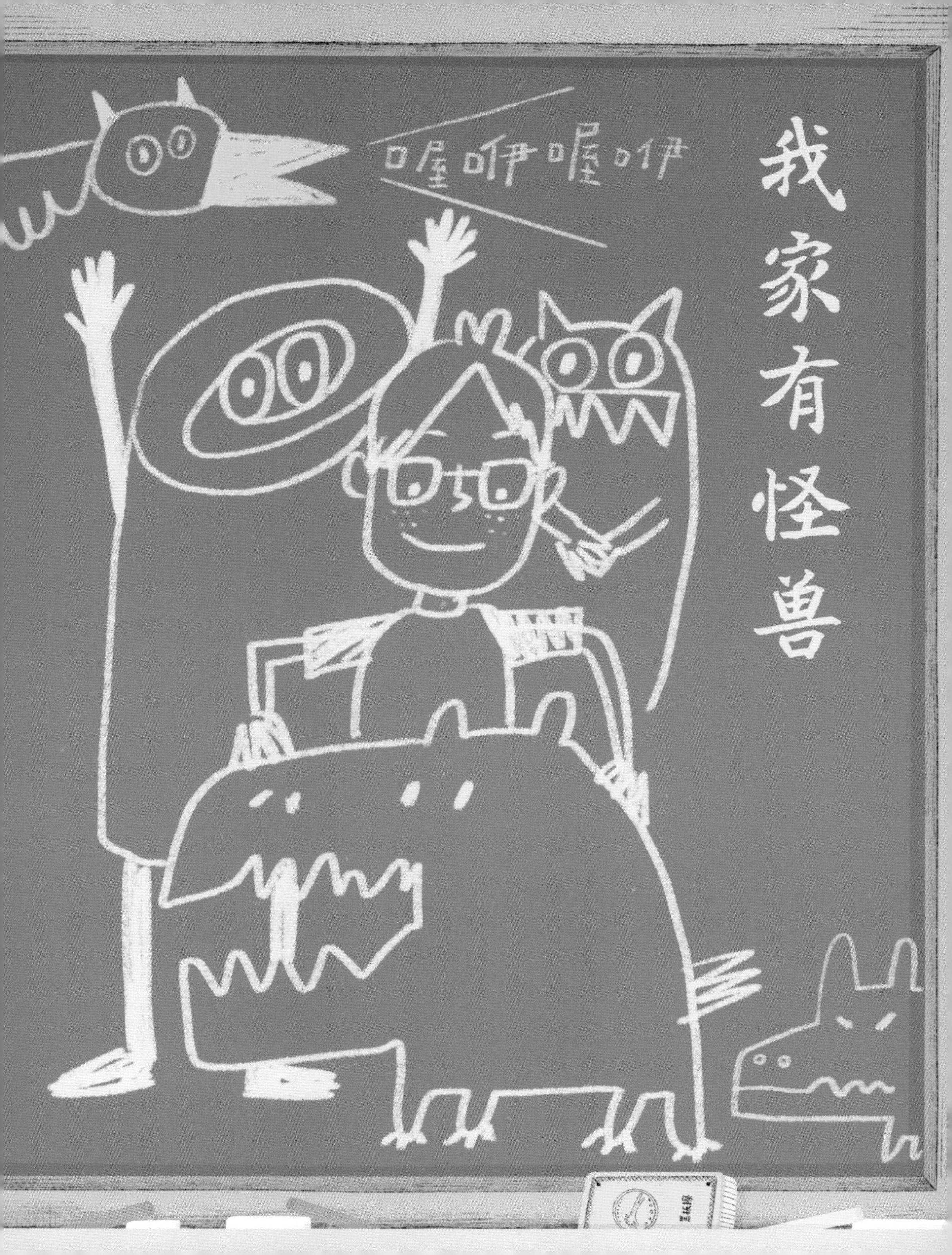
喔咿喔咿
我家有怪兽

洪承颖最近常说他家有两只怪兽。

虽然难以置信，但是洪承颖说得煞有介事，让人不相信也难。

"我跟你们说哟，这两只怪兽晚上都不睡觉，不是啃桌子腿，就是假装救护车的声音，喔咿喔咿地叫个不停，再不然就躲到角落，用它们的大影子吓人！"

"啊，好可怕！不要再说了！"黄佩慈大声尖叫。

"它们会不会半夜来咬你的手指头？"王君豪好奇地问。

"当然会，我被咬过！"洪承颖肯定地说。

"你养的是小狗吗？"

"不是，小狗怎么会是怪兽。"

"是小猫吗？"

"也不是。"

"是鹦鹉！"

"都不是！"

"你为什么要养怪兽？"

洪承颖得意地说："好玩哪！这可是我用压岁钱买的哟！"

"哇！你的压岁钱可以自己花？真好！"

这句话一说出口，大家都抛下洪承颖的怪兽，七嘴八舌地讨论起来。

"我妈妈说，压岁钱要留着给我交学费用。"赵子馨这么一说，许多人都附和她。

"对，我妈妈也说要帮我存起来好交学费。"

"你们都比我好！我妈妈说，我的压岁钱是用她发出去的钱换回来的，所以，那些压岁钱最后都进了她的钱包。"黄佩慈大声地说。

这个时候，方芯莹小声地问我："靖茹，你呢？你的压岁钱都怎么用？"

"我的……"我的压岁钱很少。每年，妈妈会给我一个红包，里面通常是一张五十元的钞票。妈妈让我压在枕头下面，元宵节过后再拿出来。但是之后，我不会把钱留下来，而是会还给妈妈。

对我来说，压岁钱既不会用来交学费，也不会存进我的存钱罐，它就只是"过年压在枕头下面的钱"，没有其他用处。

就在这个时候，洪承颖又得意地说："我每年都会有一千元压岁钱，我妈妈都让我自己拿着用，她不会收回去。"

"那你买怪兽，花了多少钱呢？"我好奇地问洪承颖，因为我也很想养一只宠物。

"我买了两只，一共花了两百多元。"

"哇！"大家都觉得两百多元已经是一笔巨款了，但洪承颖好像觉得这点儿钱不算什么。

我赶紧打消了我的宠物梦，因为我根本就没有两百多元，连一百元也没有。

我如果有很多钱，一定要养一只宠物来陪我玩，我会帮它洗澡、梳毛，还要帮它取名字。

　　取什么名字好呢？如果是小猫，我想叫它"杰西"，或者"雪莉"；如果是小狗，我想叫它"尚恩"，或者"泰迪"。

　　有时候，做做梦也不错。现实世界里，妈妈常常要为我们的生活开支精打细算，所以我从来不去想"压岁钱到底应该属于谁"这种问题。

大家还是对洪承颖的怪兽好奇得不得了——到底是什么呢？

　　"这两只怪兽，白天总是喜欢把自己蜷到毛巾里，像两个扎实的春卷一样，我一上学，它们就开始呼呼大睡。"

　　"你能不能把它们带来学校，让我们看一看？"黄佩慈好奇地问。

　　"这……"洪承颖一副不敢做决定的样子。

　　"带来吧，带来吧！"王君豪鼓动他。

　　"看怪兽！看怪兽！看怪兽……"我们都在一旁帮腔。

　　"对呀，你说了这么久，我们都很想看看怪兽到底长什么样。"赵子馨也这么说。

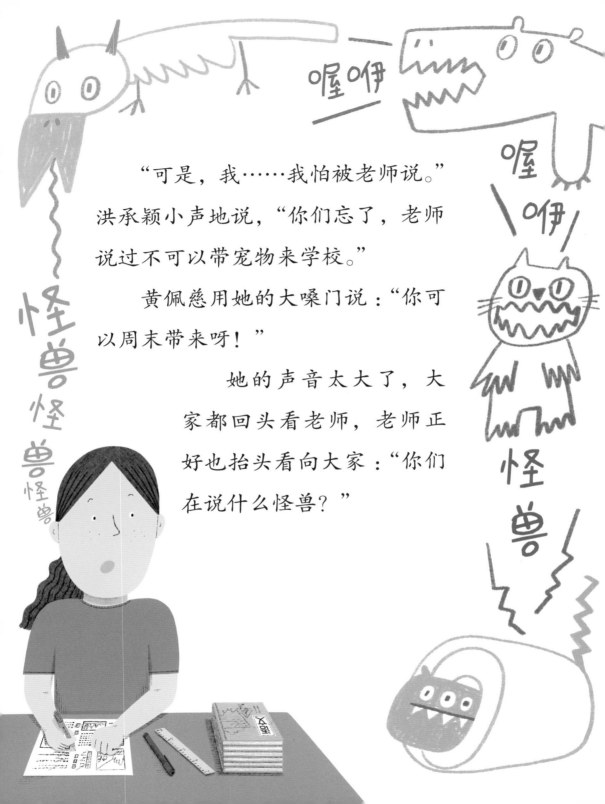

"可是，我……我怕被老师说。"洪承颖小声地说，"你们忘了，老师说过不可以带宠物来学校。"

黄佩慈用她的大嗓门说："你可以周末带来呀！"

她的声音太大了，大家都回头看老师，老师正好也抬头看向大家："你们在说什么怪兽？"

喔咿

喔咿

怪兽 怪兽 怪兽

怪兽

欢迎怪兽大驾光临

为了看一眼洪承颖口中的怪兽，黄佩慈想方设法要洪承颖带它们来学校，但洪承颖就是不肯。

"不行，老师说了不可以带。"

"你可以装在盒子里悄悄地带过来呀！你说过它们白天都在睡觉，那它们一定很乖，不会像小狗、小猫那样乱跑、乱叫，老师不会发现的！"

　　黄佩慈说得很诚恳，洪承颖却丝毫没有动摇："它们会被你的大嗓门吓到！"

　　听到洪承颖这么说，黄佩慈就故意激他："算了，算了，根本就没有什么怪兽，你只是在骗我们罢了！"

　　洪承颖到底养了什么怪兽呢？这件事不只同学们好奇，就连老师也很想知道："好吧，老师允许你明天带怪兽来上一天学。"

听到老师这么说，大家都很开心！

"老师，我也有宠物，明天可不可以也带来呀？"

"我也想带宠物来学校！"

大家都很期待能带宠物来学校，但洪承颖似乎一点儿也不开心："可是，老师，我的怪兽很害羞，它们可能会被大家吓到。"

"我们会很小声、很小声，不会吵到它们的。"老师还没说话，黄佩慈就小声地代替老师回答了。她可从来没有这么温柔过。

"不行！哎呀，你们不知道……"洪承颖一脸为难，脸都涨红了。

"承颖，你是有什么困难吗？"老师也想看看怪兽的真面目，全班都等着怪兽大驾光临呢！

　　洪承颖这才尴尬地说："我妈妈昨天把怪兽送人了……"

　　"啊——"在场的人全都发出如雷的感叹声。

　　怎么会这样？

　　老师问他："为什么要送人呢？"

　　"妈妈嫌我从来不整理它们住的地方……"

　　"唉！"我们都长长地叹了口气。

　　既然决定要养宠物，把它们买回了家，就应该负起责任，把它们照顾好哇。

老师忍不住追问："那你能告诉我们，你养的怪兽究竟是什么吗？"

洪承颖的脸更红了，他不好意思地说："是两只天竺鼠！"

"哦！你不要可以送给我呀！"黄佩慈大声地说。

"是呀，是呀，天竺鼠好可爱！"我也忍不住这么说。

　　我在宠物店里看过天竺鼠，但是我没有让妈妈给我买，因为那要花很多钱！不只是把它们买回家就可以了，还要为它们准备生活用品，像喝水器、干草、垫子，还有更大的开支——鼠粮，这些是我目前没有办法负担的。妈妈抚养我和弟弟已经很辛苦了，我不希望再多两只天竺鼠来加重妈妈的负担。

　　"承颖，你花了这么多钱，为什么不好好照顾它们呢？"老师问。

"我没想到养天竺鼠这么麻烦，还要帮它们清理便便！"

"如果早知道是这样，你还会买吗？"老师又问他。

"应该不会吧。"

"所以养宠物之前，一定要问清楚、想清楚，不能说买就买。"

怪兽的事就这样落幕了，但是没过多久，洪承颖又有了其他新奇的东西，不但吸引了大家的目光，也再度成为班上的话题。

机关重重的宝箱

　　洪承颖再一次引起大家注意的，是他的新铅笔盒。

　　那是一个很特别的铅笔盒，外形像是一个古代的宝箱，让我一看就想起了沉没在海底的大船。在每个航海故事里，那些数不尽的黄金、珍珠、钻石、玛瑙……都是装在这种箱子里的。

　　咖啡色的皮革上镶着黑色的饰条，饰条上的金色铆钉、盖子上的古铜提把，更凸显了宝箱的华丽、贵重。

　　洪承颖把宝箱往桌上一放，就像巨星登场一样。

所有人的目光仿佛聚成了一道强烈的光束，投射在宝箱上。我的目光也在这道光束里，因为我只看了一眼，就再也移不开视线了！

　　这个宝箱像是有魔力一样，我很想知道里面装的是珠宝还是皇冠。

　　黎冠修伸长了手，想要跟洪承颖借来看看。

孔守仁用炙热的眼神紧盯着宝箱，感觉眼中已经燃起了火花。他用手指了指，说："那是什么？"

　　他的疑问也是大家的疑问。

　　洪承颖没有直接回答，而是气定神闲地用手在宝箱的密码锁上轻轻按了几下，再按一下开关，宝箱立刻就弹开了。

"哇！"黄佩慈就像看到宝箱里射出了金色的光芒一样，发出了巨大的赞叹声。下一秒她就发觉自己声音太大了，立刻用手捂住嘴，想要掩饰自己刚才夸张的反应。

　　洪承颖没让大家失望，他倾斜着宝箱，让坐在后面的人都能看清楚。宝箱里装了好几支笔，笔的旁边有一个盖子，洪承颖转动上面的密码锁，再按开关，那个盖子瞬间弹开。

　　好几个同学都站了起来，因为这样才能看清楚里面装了什么。我没有站起来，因为我离洪承颖不远，坐着也能看到。

　　那里面装着一沓对折的十元钞票，还有一些硬币。

　　黎冠修发出一声狼嚎"嗷呜！"，像是忍

嗷鳴！

不住要冲上去叼住猎物一样。

大家看了看老师。老师正在专心地看书，丝毫没有察觉"惊涛骇浪"正在我们中间起伏。

然后，洪承颖把刚才的盖子盖上，拿出一支铅笔，又打开箱盖内侧一个靠磁铁来开关的盖子，从里面的一个小隔间里拿出橡皮。

大家都伸长脖子、歪着身子，看得兴致勃勃。

"现在是晨读时间，大家怎么不阅读呢？"老师生气了！

晨读一结束，大家立刻把洪承颖团团围住。

"借我看一下嘛！"黎冠修一直想摸一下。

"这个铅笔盒好酷！"孔守仁也发出赞叹。

"你在哪里买的？"

"这个一定很贵！"

这也许是洪承颖的另一只"怪兽"吧！

一直到老师大声地提醒我们去打扫卫生，大家才心不甘情不愿地离开。

"这个铅笔盒放在书包里，不会很占空间吗？"老师也好奇地借去看了看。

洪承颖摇摇头，说："不会呀，它可以装很多东西！"

然后他就跑去打扫卫生了。他的宝箱铅笔盒就放在桌子上，还上了密码锁。

洪承颖的宝箱铅笔盒，紧紧抓住了大家的目光，也赢得了不少赞叹。可惜的是，这个宝箱铅笔盒的寿命不长。

先是黎冠修玩密码锁，致使宝箱铅笔盒"负伤"。

黎冠修喜欢看箱盖弹开时那强而有力的反弹。有一次，他和洪承颖比赛谁弹得比较厉害，轮到他的时候，箱盖弹开的力道太强，宝箱铅笔盒翻了个跟斗，摔到了桌子底下，弄得"关节受伤"，里面的镜子也碎了。

从那之后，宝箱铅笔盒开开关关的时候，都会有一点儿卡顿。洪承颖虽然心疼，但是，是他要拿宝箱铅笔盒来比赛的，如今变成这样又能怪谁呢？

自己的物品，为什么不好好爱惜呢？我觉得宝箱铅笔盒肯定很疼，我也有些替它心疼。

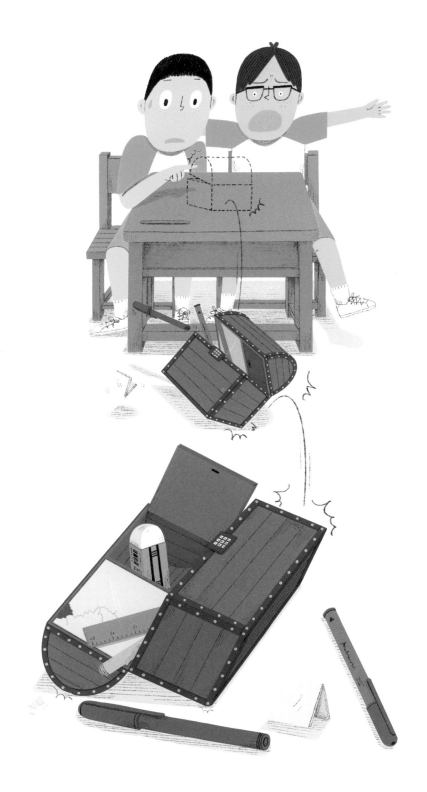

宝箱铅笔盒的悲惨命运还没结束。

接着是林禹晴借去"研究"，导致宝箱铅笔盒的密码锁功能失灵。

洪承颖不肯告诉别人宝箱铅笔盒的密码，而林禹晴非常想破解它。她"研究"的方式，就是同时用力按下好几个键，遇到按不下去的键，就用力地捶。

"这样会坏掉的！"当时洪承颖不在教室，黄佩慈在一旁大声提醒林禹晴。

结果林禹晴把密码锁按得失灵了，就连正确的密码也打不开宝箱铅笔盒。

这次洪承颖生气了，他要求林禹晴把密码锁修好，但林禹晴没答应："我玩的时候，它就打不开了，现在打不开是正常的呀！说不定它本来就打不开！"

　　洪承颖只好把宝箱铅笔盒用力扳开，再用小螺丝刀把密码锁拆下来——没错，他的宝箱铅笔盒里连小螺丝刀都有！他想要修理，结果没修好，连密码锁也装不回去了。

　　在帮洪承颖想办法的孙华彤，看着伤痕累累的宝箱铅笔盒，有感而发："你为什么不带一个简单一点儿的铅笔盒呢？带这样的铅笔盒来，迟早会被玩坏的。"

看着很难复原的宝箱铅笔盒，洪承颖决定不修了。他用橡皮筋绑着它，只要里面的文具不会掉出来就好。

　　这之后，大家对宝箱铅笔盒的兴致降低了很多，不再追着洪承颖要借来看了。

　　洪承颖的宝箱铅笔盒不再是话题了，班上的同学开始发掘其他新鲜事，这时，老师忽然宣布要开展春季校外活动。

　　这个话题一下"引爆"了全班，大家纷纷询问好朋友：

　　"你要不要参加？"

　　"你会去吗？"

　　"你要参加吗？"

　　谁会不想去呢？我也很想去，但是妈妈工作已经很辛苦了，我不想让妈妈为了我跟弟弟的校外活动费用再伤脑筋，所以我不打算参加。

弟弟把校外活动意愿调查表交给妈妈的时候，妈妈连想都没想，就在"参加"的前面打了钩，然后签了名。

"茹茹，你的调查表呢？"

我从书包里拿出调查表，跟妈妈说："我不想去。"

　　"为什么不想去？"妈妈先在调查表上签了名，然后问我，"你跟同学闹矛盾了吗？"

　　我摇摇头。

　　妈妈又问："那为什么不想去呢？"

　　我说："我会晕车，我不想去。"

　　妈妈笑了笑，说："妈妈会帮你准备晕车药，你记得吃，就不会难受了。"

　　然后妈妈也帮我在"参加"的前面打了钩。

安心小学

校外活动意

安心小学一年

校外活动意愿调

日期：4月15日

地点：科技博物馆

班级：一年级一班

姓名：林瑨廷

☑ 参加

□ 不参加

家长签名

"妈妈，我和弟弟参加校外活动，一下要花掉五百元，你平时工作已经很辛苦了，我不想你再加班了……"

见我都要哭了，妈妈温柔地拍拍我的肩膀，说："省钱也不能省在这里呀。这次校外活动会成为你和同学们的美好回忆，妈妈不希望给你留下什么遗憾。"

我还是摇头："让弟弟去就好了，我可以在家里看书。我平常跟同学玩得很快乐，那些也是很好的回忆。"

"茹茹，你懂得省钱是很好的，妈妈很开心。但是呢，妈妈也希望你明白，钱要花在该花的地方。该花钱的时候却舍不得花，那样也是不对的。"妈妈指了指调查表上的游乐园，"这个游乐园我们都没去过，如果要妈妈带你们去，这些钱是绝对不够的。你看，妈妈只需要花三百元，你就可以去向往已久的游乐园，妈妈也'省钱'了，这么划算的活动，你为什么不参加呢？"

"是这样吗？可是……"

妈妈搂着我说："放心去玩吧，回来再告诉妈妈，那里什么最好玩！"

"我也要告诉妈妈，哪个最好玩！"弟弟过来凑热闹，也要妈妈抱一抱他。

我要好好珍惜这次校外活动的机会，把每个地方都牢牢记在脑袋里，等我长大了，我也要带妈妈去这个游乐园玩。

上交调查表的时候，我发现全班同学都要参加校外活动。这个时候，我很感谢妈妈，没有让我成为一个"特别"的人。

我不喜欢"特别"，那样的话，同学会一直问我："你为什么不参加？"

交完调查表，洪承颖举手问老师："老师，校外活动那天，可不可以带手机？"

老师跟洪承颖说："你带着手机，要是弄丢了怎么办？"

"可是，我妈妈要我拍照给她看！"

"放心，老师会帮你们拍照，你不用带手机。"

"可是，老师，我妈妈会打电话给我！"

"请你妈妈打给老师，老师再转给你接听。"

洪承颖说不过老师，失望地说："这样我就不能想拍照就拍照了。"

旁边的黄佩慈听了，忍不住笑着说："你才不是要拍照呢！你是要玩手机里的游戏！"

说完，大家都哈哈大笑。

就在这个时候，大家发现洪承颖的宝箱铅笔盒不见了，桌子上换成了一个折叠式的铅笔盒！

"你早上不是才换了一个平平的铅笔盒吗？"黎冠修一早就注意到洪承颖带了一个新的铅笔盒，不过因为新铅笔盒的样式太普通，所以黎冠修并没有很在意。

但现在，那个平平的铅笔盒被洪承颖从中间掰开，折成了一个笔筒，稳稳地放在桌子上。

"哇，好实用！"孙华彤被吸引过来，对这个铅笔盒笔筒啧啧称赞。

我也觉得这个铅笔盒很实用，平时可以折成一个笔筒，要用笔的时候很方便。而且它不像宝箱铅笔盒那么华丽，上面印的卡通图案正好是我最爱的"蛋饼家族"，每个角色都有，所以我也很喜欢这个铅笔盒。

还留在教室的同学，都凑过来看洪承颖的新铅笔盒。

这个铅笔盒也有密码锁，当它合起来变回一个平平的盒子时，可以用密码锁把它锁起来。

跟宝箱铅笔盒不同的是，它的锁打开的时候不会弹开，里面也没有很吸引人的机关。也许因为这样，它可以"长寿"一点儿。

"你真有钱，可以一直换铅笔盒。"黄佩慈拿起铅笔盒，一边操作一边说。

洪承颖推推眼镜，说："我想买什么东西，我妈妈都不会有意见。我妈妈常说：'钱是你的，由你自己来管理。'所以我买什么都可以。"

我并不羡慕洪承颖，反而觉得那样很浪费——上一个铅笔盒花了好几十元，用了不到一个月就坏了，现在又换了一个。

　　我的铅笔盒从一年级用到现在都好好的，

而且看起来还很新。我觉得这样很好。就算我有很多钱，我也希望我的铅笔盒能多陪伴我几年，因为我很喜欢它，也很珍惜它。

老师要我们开始准备校外活动要带的东西，晕车药、纸巾、薄外套等等。

"你要带什么零食？"方芯莹小声地问我。

"我会晕车,不能吃零食。"我小声地回答。

"我分给你吃。"

我对方芯莹摇摇头："我吃零食会晕车。"

这段时间，我们都在讨论校外活动的事，即使是洪承颖的新铅笔盒，也没有再引起大家的兴趣。

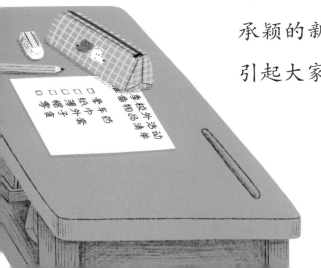

但接下来的这件事，又取代校外活动，成为班上的热门话题——就叫它"眼镜事件"吧！

有一天，洪承颖的妈妈联系老师，说洪承颖的眼镜不见了，想请老师帮忙找一找。

老师要我们在自己的桌洞里找一找，在自己的书包里也找一找，还有每个人的置物柜也不能放过，说不定洪承颖一时迷糊，放错地方了。

大家都很认真地在找，因为洪承颖的眼镜才配好没多久，而且是花了一千元配的。洪承颖的妈妈说，如果找不到眼镜，就要洪承颖用自己的压岁钱去重新配一副。所以洪承颖很着急，希望大家能帮他找到眼镜。找到的话，他愿意请大家喝饮料。

"哇，这样你很划算哟！"班长周怡真马上计算出来，那副眼镜一千元，买饮料却用不了三百元。

找到眼镜了吗？

为了喝饮料，大家都更认真地帮忙找眼镜。教室被翻遍了，每个垃圾桶也都找过了，就是没有眼镜的影子。

"会不会放在专用教室了？"

课间的时候，我和方芯莹到科学教室、音乐教室、计算机教室都找了一遍，还碰到了孔守仁、黎冠修、孙华彤和周怡真。

全班同学都在找眼镜，连美术老师都忍不住问："为什么是你们在找？洪承颖为什么不自己找呢？"

"因为如果我们找到了，他就请大家喝饮料！"

美术老师笑了："哈哈！好，那我也来找找看，你们要告诉洪承颖，老师也来帮忙了哟！"

整整一个星期，同学们见面的第一句话都是："找到眼镜了吗？"

我们连学校的失物招领箱都去翻过了，里面有发霉的手提袋、没有名字的铅笔盒、音乐课本、象棋、竖笛……就是没有眼镜。

　　"你的眼镜大概去旅行了，它先帮你去看一看游乐园好不好玩。"孙华彤这么一说，大家都笑了。

　　最后，洪承颖只能接受这个事实，重新配了一副五百多元的眼镜。然后，他的压岁钱只剩下六十多元了。

　　"哇，五百多元的眼镜比一千元的更酷！"孔守仁一看到洪承颖的新眼镜，就像发现新品种的生物一样，仔细地研究起来。

失物招领箱

新眼镜的"诞生"，宣告我们的饮料梦破碎了。

虽然辛苦了一个星期也没有找到眼镜，但是大家一起帮忙的体验还是让我觉得很快乐，不一定要喝到饮料才开心呢！

不过，接下来的日子大概不会再看到洪承颖变出什么新把戏了，因为他的钱快见底了。

黎冠修还告诉我们一件很有趣的事。老师说下周上课要带三角尺和量角器，所以他们几个人周日一起到文具店买，结果只有洪承颖没有买，他说要请他妈妈来付这笔钱。

　　"只不过十元而已，你赶快买吧，明天上课就要用了。"

　　大家劝洪承颖先买，但洪承颖说他快没钱了，坚持要让妈妈帮他买。

结果，周一上课时洪承颖还是没有三角尺和量角器，因为他妈妈说这种买文具的钱，他要自己出。

　　没有三角尺和量角器的洪承颖，上课时只好跟同学借。

　　老师忍不住建议我们："大家要给零花钱做好规划，至少要留一小部分储蓄起来，以备不时之需。不能钱一到手，想买什么就买什么；等没有钱的时候，该买的东西反而买不起了。所以呀，要多想一想——钱花完了要怎么办？"

我们都知道老师说的是洪承颖，可洪承颖还很天真地说："钱是不会花完的，只会晚一点儿到手。"

　　全班都被他逗笑了。

　　老师说："你要学着存钱！要是有一天钱都花完了，看你怎么办！"

校外活动的插曲

　　校外活动那天，妈妈在我的书包里放了一包饼干，还给了我十元零花钱："如果你想吃冰激凌，就去买。"

　　我对妈妈点点头，暗自决定要把这十元带回来还给妈妈。

　　集合的时候，孔守仁第一个发现洪承颖戴着那副一千元的旧眼镜："你在哪里找到眼镜的？"

大家纷纷看向洪承颖，连老师也转过头来看他："呀，你戴了旧眼镜！在哪里找到的？"

　　洪承颖有点儿不好意思地笑着说："我放在电脑旁边的耳机盒里了……"

　　被全班同学围着，洪承颖有些难为情。他用一只手遮住眼镜，如果不是另一只手提着东西，我猜他应该会用双手来遮。

　　"好了，排好队，我们要上车了！"老师提醒大家，也帮洪承颖解了围。

在旅游大巴上，领队大象哥哥为我们介绍了紧急逃生出口的位置，还介绍了游乐园里有哪些适合我们玩的游乐设施。

在游乐园里，老师和大象哥哥带我们玩了很多游乐设施。老师一直提醒我们："不要勉强，如果觉得害怕就不要玩，在旁边看就行了，老师会陪着你。"但是全班都天不怕地不怕，没有人打退堂鼓。

我们坐了嘟嘟小火车，骑了旋转木马……有的同学坐摩天轮的时候很害怕，比如方芯莹。她一直觉得会掉下去，所以在摩天轮里不停

地尖叫。但是
一走出摩天轮，
她就很想再坐
一次。

　　"坐过一次
就好了，我们
去玩别的吧！"
我对方芯莹说。

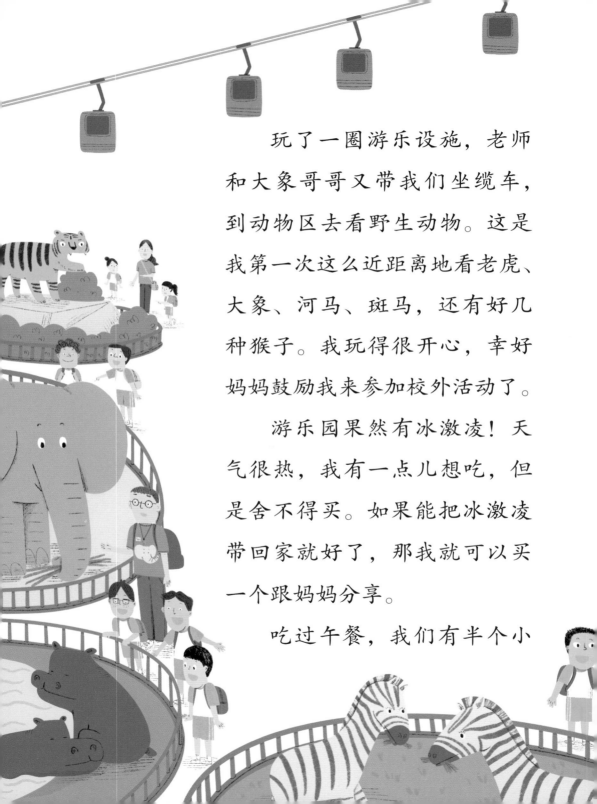

玩了一圈游乐设施，老师和大象哥哥又带我们坐缆车，到动物区去看野生动物。这是我第一次这么近距离地看老虎、大象、河马、斑马，还有好几种猴子。我玩得很开心，幸好妈妈鼓励我来参加校外活动了。

游乐园果然有冰激凌！天气很热，我有一点儿想吃，但是舍不得买。如果能把冰激凌带回家就好了，那我就可以买一个跟妈妈分享。

吃过午餐，我们有半个小

时的自由活动时间。大象哥
哥强调了集合的时间和地点
后，我们就解散了。

　　我跟着几个同学
去逛礼品店，里面的
每样东西都很可爱，
一番挑选后，我花了
五元买了一个小挂
件，准备送给妈妈。

"靖茹，请你吃冰激凌！"

就在我刚刚付了钱，把钱包收起来的时候，方芯莹双手各拿了一个冰激凌，从外面走进来，把其中一个递给了我。

我要是不收下，就辜负了她的好意，所以我跟着她走到外面的用餐区，一起享用美味的冰激凌。

"真好吃！"

"嗯！我买的是乌梅口味的，很好吃！"

我很想慢慢吃，好好享受一下这酸酸甜甜的滋味，但是冰激凌好像一直在催我："快吃！快吃！不然我就要融化了！"我只好大口大口地吃起来。

"哦，你们两个躲在这里吃冰激凌！"

是满头大汗的洪承颖和黎冠修。他们看到我们在吃冰激凌，二话不说也跑去买。

我和方芯莹吃完冰激凌后，一起去洗手。

一路上我都在想，要不要请方芯莹吃东西？我还剩下五元，只够买一个冰激凌，可是我们已经吃过冰激凌了。

或者……我可以买一个挂件送给她呀！

从洗手间出来，我跟方芯莹说我想再去礼品店逛逛。

我回到刚才的礼品店。路过用餐区的时候，我看到一部蓝色的手机。

要不要送去服务中心呢？我想了想，还是没有动它。因为我觉得东西还是放在原来的地方，主人才容易找到，说不定那部手机的主人只是暂时放在那里，等下就会回来拿。

　　我在礼品店挑了一个"蛋饼妹妹"的挂件，那粉粉嫩嫩的颜色，最适合方芯莹了。

　　方芯莹收到礼物很开心！看到她也喜欢"蛋饼妹妹"，我也觉得很开心！

　　现在，我把妈妈给我的零花钱花完了，虽然我没能省钱，也没有给自己买东西，但我仍然觉得很快乐。

　　校外活动的时间过得很快，一转眼就到了集合时间。两点二十分的时候，班上的同学大多已经在门口的大树下集合了，旅游大巴两点半会来接我们。

　　去集合的路上，我跟方芯莹遇见了马信和李翔豪，于是就跟着他们一起走。这一天马信都紧紧跟着李翔豪，李翔豪玩什么，马信就玩什么。马信今天看起来很快乐，老师还帮他拍了好几张照片。

　　然后我们又遇见了孔守仁和林信佑。孔守仁手上提着一把木剑，还抱着一个"蛋饼哥哥"的小抱枕。

　　看见这个小抱枕，我忍不住问："孔守仁，你也喜欢'蛋饼家族'吗？"

孔守仁看看自己手上的小抱枕，然后大声宣布："这个是洪承颖的，还有这把剑，还有信佑头上那顶帽子，全都是他的'战利品'！"

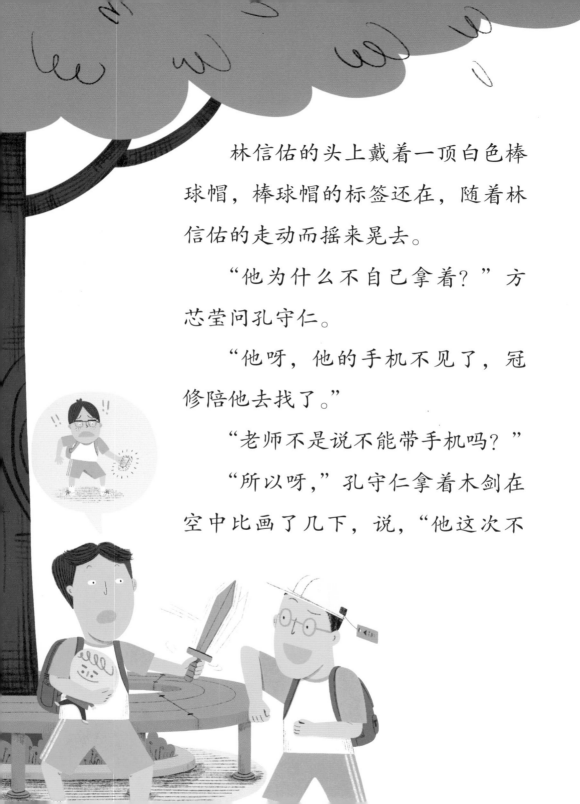

　　林信佑的头上戴着一顶白色棒球帽，棒球帽的标签还在，随着林信佑的走动而摇来晃去。

　　"他为什么不自己拿着？"方芯莹问孔守仁。

　　"他呀，他的手机不见了，冠修陪他去找了。"

　　"老师不是说不能带手机吗？"

　　"所以呀，"孔守仁拿着木剑在空中比画了几下，说，"他这次不是要挨老师骂，就是要挨妈妈骂了！"

"能找到就挨老师骂，找不到就挨妈妈骂。"林信佑补了一句。

"手机？"我想起刚才在礼品店外椅子上的那部手机，"他的手机是不是蓝色的？"

"也许吧。"孔守仁说。

我拉着方芯莹的手，要回头去找洪承颖。

"喂，要集合了，你们要去哪里？"

"我们去找洪承颖，我知道他的手机在哪里！"

孔守仁在我们身后大喊："你知道他的手机在哪里，可是你不知道他人在哪里！快回来！"

孔守仁追了过来，气喘吁吁地说："他找到手机就会回来了。你们再乱跑，等一下大家又找不到你们了！"

孔守仁说得对，游乐园那么大，我去哪里找洪承颖呢？而且，说不定他们已经找到手机，正在赶回来的路上了。

我们一群人一起走到集合的地方。

三年级四班的同学几乎都到了，老师叫大家排好队。大象哥哥点了点人数，只剩洪承颖和黎冠修还没到。

"谁知道他们两个去哪儿了？"老师问大家。知道的人都不敢说，只是你看看我，我看看你。

大象哥哥大声地问大家："跟他们一组的同学请举手。"

　　孔守仁和林信佑举起手。

　　"你们为什么没有跟他们在一起？"

　　"本来是在一起的。"孔守仁说。

　　"那为什么分开了？"

　　"因为他们要去找东西。"

　　"找什么东西？"

　　孔守仁犹豫一会儿，说："手机。"

老师一听，立刻瞪大了眼睛看向孔守仁："他带了手机？"

孔守仁像是自己做了错事，低着头不敢看老师。

"守仁，他们往哪个方向走了？"

人员到齐的班级陆续离开游乐园，往停车场的方向走了。最后只剩下三年级四班，我们全都在等洪承颖和黎冠修。

请安心小学三年级四班的同学，赶快到大门口集合。

　　我们听到服务中心的广播："请安心小学三年级四班的同学，赶快到大门口集合。"

　　但他们一直没有回来。

　　大象哥哥让我们和老师先上车，在车上等，他去找洪承颖和黎冠修。

　　我们上车后，其他班都以为车要开了，结果并没有，只要洪承颖和黎冠修没回来，旅游大巴就不能开走。

　　我们在车上等了大概半个小时，终于看到大象哥哥带着满脸通红的黎冠修和一脸不高兴的洪承颖跑过来。

　　"好了，快去坐好！"大象哥哥说。

几乎在同一时间，三年级一班的车发动了，然后是三年级二班、三年级三班……

一路上，洪承颖都闷闷不乐的，因为他没找到手机。

"如果有人捡到你的手机，送到服务中心的话，服务中心会帮忙寄到安心小学的！"

"如果捡到的人不还回来怎么办？"

"如果人家不还回来，你想找也找不到的。我们先回学校，再想办法吧。"

"我买的是最新款的手机，别人捡到一定不会还回来的！"

"不一定哟，我们等等看吧。"

老师没有责备他们，因为过了集合时间却没有回来，他们自己心里一定也很着急。

旅游大巴快开到学校的时候，我听到了打呼噜的声音，洪承颖累得睡着了。虽然他有很多零花钱，但我总觉得他太浪费了——不仅不爱惜物品，而且还很粗心大意，一点儿都不懂得"省钱"或者说"理财"的意义。希望经过这次的事，他能有一些改变。

三年级四班

令人向往的校外活动就这样结束了，我们又回归了校园生活。偶尔，我们会聊一聊校外活动那天的趣事，但是印象最深刻的，还是洪承颖的"手机事件"。

希望那部手机，能平安回到主人的身边。

平淡无奇的日子里，发生了一件非常美妙的事。

在一个周末，小姨带着表弟来我们家玩，表弟手上还提着一个宠物袋。

"这是什么？"我一打开门，就被那个宠物袋吸引了。

"天竺鼠！"表弟把宠物袋提得高高的，让我从网里就能看到它们。

"天竺鼠？"我一下子想起了洪承颖。

"是呀！表姐，你没见过吧？"

表弟一进门，就从他的背包里拿出一块垫子放在地上，又拿出几片可以拼接的塑料板，做成一个围栏，然后把两只可爱的天竺鼠放了进去。

我和弟弟都看呆了，怎么会有这么可爱的小动物！

两只天竺鼠在围栏里到处走，到处闻。我把手伸过去，它们立刻靠过来，然后我就听到了它们喔咿喔咿的呼吸声。

我想起了洪承颖说的"救护车的声音"。虽然不怎么像，但我知道那是他夸张的想象。

"我同学也养了两只天竺鼠！"我跟表弟说。

这时，楼上突然发出一声巨响，好像是重物落地的声音，连带着我脚下的地板都有些摇晃。两只天竺鼠被吓到了，叫得很可怜，让我很想保护它们。

弟弟倒是没什么感觉，还很开心地跟天竺鼠玩。

小姨说："你说的同学是不是洪承颖？这两只之前就是他养的呀！"

"真的吗？"

这就是洪承颖说的"怪兽"？它们看起来这么可爱，怎么会是怪兽呢？

"是呀！"小姨还说，洪承颖喜欢什么都会买回家，这两只天竺鼠他养了不到一个月，就不想养了。

洪承颖的妈妈跟小姨是同事，她问小姨要不要养，表弟很想要，于是他们就收养了这两只天竺鼠。

　　现在，轮到小姨觉得表弟花太多时间在天竺鼠身上，所以想要把它们送人了。

　　我们跟天竺鼠玩了一个上午。有时候，一点点声响就会让它们很害怕，吓得动也不敢动，但是它们并不怕陌生人，还在我的怀里睡着了。我吃苹果的时候，它们还爬到我的身上想要分一口，那模样真是可爱极了！

　　"表姐，你想不想养天竺鼠？"表弟突然问我。

　　我看着它们可爱的模样，有些心动。"因为你花太多时间在它们身上，所以小姨不让你养了，是吗？"

"对呀，如果送给表姐养，我就可以常常来看它们了。"

我知道买两只天竺鼠不是最花钱的地方，养它们才是花费最多的地方。

看着洪承颖送给表弟的围栏、喝水器、小窝、小枕头……洪承颖不知道花了多少钱在它们身上。现在全送人了，他难道不觉得心疼吗？

我如果留下天竺鼠，倒是不必再花钱去

置办这些东西了，我也确定我不会没耐心，或是玩得忘了该做的事，所以我越想越心动。

可是，一想到未来还要买鼠粮，我立刻就冷静下来了。那可是一笔不小的花费！我没有那么多零花钱，怎么给天竺鼠买食物呢？

冷静，我不能被它们可爱的外表冲昏了头。

"茹茹，你想养的话，就留下它们吧，妈妈会帮你买鼠粮的。"

妈妈说的是真的吗？我觉得像是在做梦一样。

"这样吧，小姨每个月买一包鼠粮给你，但是你可不能像佑佑那样，整天抱着它们，不学习哟！"

"好，我会把该做的事做好，

再跟它们玩。"我答应道。

"太棒了！这样一来，我又可以常常看到它们了！"表弟欢呼。连弟弟也很高兴，这是我们家第一次养宠物呢！

我会把时间分配好，不能耽误学习，这样，它们就可以一直在我们家待下去，不用再换主人了。

这天课间，我看到洪承颖在画画，忍不住上前问他："你会想念你的怪兽吗？"

　　"会呀！它们真的很可爱。"

　　"那你想不想再养？"

　　洪承颖想了一下，然后才说："可是，我已经没有钱再买了。"

"不是每样东西都要用钱买的。我最近就收留了两只别人不要的天竺鼠。"

"真的吗？原来还有'流浪天竺鼠'哇！你的天竺鼠是什么颜色的？"

"一只咖啡色，一只咖啡色和米色相间。"

"怎么跟我养的一样？叫什么名字呢？"

"一只叫巧巧，一只叫芽芽。"

"哇，更巧了，跟我取的名字也一样！"然后洪承颖自言自语地说，"真想再买两只来养。"

我听了有些生气，为什么他总是想要花钱，一点儿也不懂得节俭。

　　"就是有你这种人，才会有那么多流浪动物！"

　　洪承颖恍然大悟，立刻问我："你那两只天竺鼠该不会是……"

　　"对呀！就是你那两只天竺鼠！"

　　洪承颖愣了一下，有些不好意思地说："我好想看一看它们！"

洪承颖来我家看那两只天竺鼠时，我第一次见到他这么快乐，比买了新铅笔盒还快乐。

他伸手在它们的背上挠挠，它们立刻乖乖地享受按摩。他还带了胡萝卜片来，它们一看到胡萝卜片，马上站起来，看起来很想吃。我都不知道还有这些花招呢！

"我能不能把它们买回去？"洪承颖这么说。

"不是什么东西都可以用钱买的！你连这个都不知道？"

"你是说你可以把天竺鼠还给我，不用花钱？"

天哪，洪承颖想到哪里去了？！

"我的意思是，不要一看到喜欢的东西就想要买回家，要先想一想这个东西适不适合你！"我一时说不清楚我的想法，只好又跟洪承颖说，"如果你不知道这个东西该不该买，可以问一问家人，不要想买就买，白白浪费钱。"

洪承颖点点头，说："我懂了，我回去问问妈妈愿不愿意再让我养天竺鼠。"

/17 零花钱	+5元
/24 零花钱	+5元
4/25 笔记本	-4元
小结 —	+6元

他哪里懂了？真是的，我要教教他怎么理财才行。我拿出我的笔记本给他看。

"我们校外活动回来以后，我妈妈说每个星期给我五元零花钱。你看，我都记在这本笔记本上。"

妈妈给了我两次零花钱，我花了四元买了这本笔记本，还剩六元。

"你的零花钱这么少？"

"虽然零花钱少，但只要学会管理，就不怕没钱花；如果零花钱多，更要学会管理，才不会一不小心就全花光了！"

洪承颖低头玩着天竺鼠，他一定是同意了我的说法，只是不好意思承认。

自从有了天竺鼠，我就开始学习理财，妈妈希望我不要一味地省钱，只知道节俭，还要知道哪些钱是该花的，不能省。

"浪费是不好的习惯，过度节俭也是不好的习惯，你该学学怎么理财，不要成了'小守财奴'！"

所以妈妈给我零花钱，让我学习理财。

我还在笔记本上记录了一年之中我可能会花到的钱——妈妈和弟弟过生日的时候，我要请他们吃冰激凌；方芯莹过生日的时候，我要请她喝饮料……

我把收到的每一笔零花钱都记下来，日常花了多少钱也记下来，这样我就可以知道，剩下的钱够不够给他们买礼物。

如果我的零花钱还有剩余，我就可以存起来。等存到足够的钱，我也要帮天竺鼠买鼠粮，不能每次都让小姨破费。

洪承颖回家之后，也准备了一本笔记本，

把剩下的压岁钱记在了上面。

　　"你这笔钱打算用多久？"我看到他的笔记本上只有三十五元。

　　"要用到下次过年领压岁钱！"

　　天哪，我找到比我更需要理财的人了！

洪承颖的手机一直没有下落，他妈妈也不肯再给他买手机了。这件事让洪承颖很后悔，如果当时听了老师的话，现在就不会没有手机了。

周末的时候，洪承颖常常来我家探望两只天竺鼠，带一些东西来喂它们，还会帮忙清理它们的窝。

看到洪承颖跟天竺鼠玩的样子，我很想把天竺鼠还给他，毕竟他才是它们原来的主人。

"还是不要还给我了，我带回家后就不会珍惜了。"

说得也是，拥有的太多，就不知道珍惜了。我也从洪承颖身上了解到：不是什么东西都要买到手才快乐，有刚好足够的钱能买需要的东西，就是快乐！

希望下次洪承颖领了压岁钱，不要被快乐冲昏了头，这样他真的需要买东西的时候，手上才会有钱！

有钱聪明花

杨俐容　芯福里情绪教育推广协会创会理事长

　　法国思想家卢梭说过：“我们手里的金钱是保持自由的一种工具；我们所追求的金钱，则是使自己当奴隶的一种工具。”这句话在当今社会同样适用。

　　美国斯坦福大学著名的“棉花糖实验”以及后续的许多研究都发现，能够适度忍耐以换取更渴望、更重大奖赏的孩子，长大之后不只具有更好的人生表现，也会有更健康的身心发展。而拥有延迟满足的自制力，同时又能够适度享受，这也是高情商的写照。

　　然而，现在的孩子在很小的时候就知道了金钱的好处。“只有当想买的都买得起，买不起的都不想买时，金钱才能为我们带来真正的幸福。”——这个发现却需要整个儿童青少年时期来体验和学习。

　　特别是小学阶段，孩子在家庭以外的时间变多，需要带些钱在身上，以应付不时之需或作为社交开销。而且，这也是社会比较（Social Comparison）加速发展的年纪，孩子在生活中很容易感受到财富落差，于是，“压岁钱可以留下来自己用吗？还是应该存起来，或者交给爸爸妈妈？”“我可以有自己的零花钱吗？可以像某某同学一样多吗？可不可以自己随便花？"等，就成了孩子生活中的热门话题。

《这样用钱可以吗？》围绕上述话题衍生的各种画面进行了非常真实又生动的描绘。故事从神秘怪兽讲起，引发了孩子关于压岁钱的讨论。接着，从"省钱小能手"林靖茹的视角，描述了洪承颖相对阔绰且不珍惜物品的行为。最后，除了揭开"怪兽是宠物天竺鼠"的谜底之外，也让林靖茹体会到，自己和洪承颖都应该学习理财，只是洪承颖要学的是"少花钱"，而她自己该学的是"会花钱"。

一直很喜欢"老师作家"岑澎维为孩子书写的故事，除了选题精准、契合孩子的兴趣与需求之外，岑老师下笔细腻、轻巧，不会让任何一个孩子成为刻板印象中的"坏孩子"，而是让孩子自然而然地走进故事，找到适合自己的角色和位置。

希望各位爸爸妈妈和孩子分享这本好书，让孩子明白：有钱，不一定快乐；越懂得如何聪明地花自己拥有的钱，才会越幸福！